Quadratisches Skizzenbuch mit Millimeterpapier

Millimeterpapier für technische Zeichnungen in einem Buch. 1 mm und 1 cm Raster Linien für Techniker, Ingenieure und Konstrukteure

Kurt Heppke

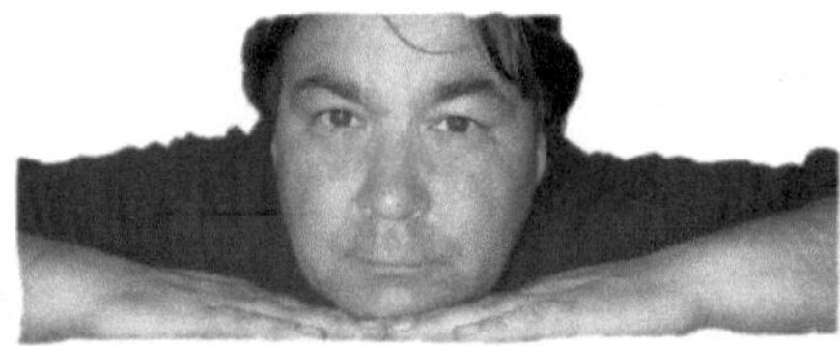

Herstellung und Verlag: BoD – Books on Demand, Norderstedt

ISBN: 978-3-7562-1546-1

Mehr von mir können Sie hier finden:
https://www.kurtheppke.com/

Mehr von mir können Sie hier finden:
https://www.kurtheppke.com/